AF305540

LES BRASSERIES L'ATLANTIQUE

A leur aimable Clientèle

Bordeaux, le 25 Mars 1923

Album N° 

A M ....

....

....

....

Hommage des Brasseries l'Atlantique

BRASSERIES L'ATLANTIQUE

SOCIÉTÉ ANONYME AU CAPITAL DE 1.000.000 FRANCS

FABRICATION SELON LES PROCÉDÉS PASTEUR

BIÈRES DE CONSERVE ET D'EXPORTATION

en Fûts et en Bouteilles

SIÈGE SOCIAL : 4, Quai de Brienne, BORDEAUX

TÉLÉPHONE : { 52.86 / 52.87 / 52.88   USINES : 1 à 6, Quai de Brienne — Compte Chèques postaux : Bordeaux 4440   ADRESSE (Le Directeur des Brasseries l'Atlantique / POSTALE :) Boîte postale 142 — ADRESSE TÉLÉGRAPHIQUE : Biàratlantique

Création

La Société des « BRASSERIES L'ATLANTIQUE » a été créée en 1901, pour prendre la suite de la « BRASSERIE GÉNÉRALE », fondée en 1806, selon qu'en témoigne le fac-similé de la première patente, figuré dans le présent Album.

Transformation et Production

La Société, dès sa création, a procédé à la **transformation complète** des Usines existantes et n'a cessé depuis de se tenir à l'affût des nouveaux progrès de la technique et de se conformer **sans hésitation** aux dernières données de la science ; elle a pu voir ainsi sa production du début : doubler, tripler, quadrupler, décupler, et la progression de ses ventes continue sa marche ascendante.

Les Usines du quai de Brienne, merveilleusement équipées, permettent de produire des bières de fermentation basse **en vases clos** et par le moyen de récipients en acier émaillé assurant un maximum de pureté bactériologique, laquelle est indispensable pour obtenir un produit sain, selon que cela a été établi par les travaux du grand PASTEUR.

Les bières de l'ATLANTIQUE sont avantageusement connues dans toute la région et s'exportent, en outre, dans les cinq parties du Monde, où leur marque « COQ » est unanimement appréciée.

Fabrication de l'acide carbonique liquide

C'est à l'ATLANTIQUE de Bordeaux qu'a été édifiée la première installation française de récupération et liquéfaction de l'acide carbonique issu des cuves de fermentation. Elle a été conçue et construite selon les plans et brevets de la *Société l'Air liquide* de Paris ; l'acide carbonique ainsi recueilli est d'une **extrême pureté**.

Force motrice

Naturellement les Usines de Brienne sont entièrement électrifiées ; elles sont actionnées par 77 moteurs électriques de diverses

forces; un alternateur de secours de 180 HP est constamment prêt
à fournir l'énergie électrique aux lieu et place du secteur de la
Ville en cas d'interruption sur ce dernier; ces moteurs actionnent
divers appareils et transmissions, tous montés sur roulements à
billes.

Voie ferrée et réception des Grains

Un raccordement particulier de voie ferrée relie les « BRAS-
SERIES L'ATLANTIQUE» à la Compagnie des Chemins de fer
du Midi; les malts d'orge à l'arrivée sur les quais des BRASSE-
RIES sont transvasés par le vide avec le concours d'un aspirateur de grains, depuis le wagon jusqu'aux silos.

Service des Eaux

Cinq puits, dont un artésien de 186 mètres de profondeur,
assurent les quantités d'eau nécessaires aux divers services; un
sixième puits est en construction.

Téléphone et Télégraphe

Un standard téléphonique permet la liaison instantanée, non
seulement avec les trois lignes urbaines et le télégraphe, mais en-
core entre les divers services intérieurs des ETABLISSEMENTS

Automobiles et Equipages

Six camions automobiles de 7 tonnes et une quarantaine
d'équipages assurent les expéditions sur la place de Bordeaux et
dans la région environnante.

Visite des Brasseries

Les «BRASSERIES L'ATLANTIQUE», en raison de leur mo-
dernisme, attirent journellement de nombreux visiteurs, profanes
ou initiés, auxquels le plus charmant accueil est réservé; elles
s'honorent tout particulièrement de recevoir périodiquement la
visite des maîtres et élèves de nombreuses écoles professionnelles,
qui viennent ainsi puiser sur place des notions pratiques, dans le
but de compléter heureusement leurs études techniques.

Bordeaux, le 23 Mars 1923

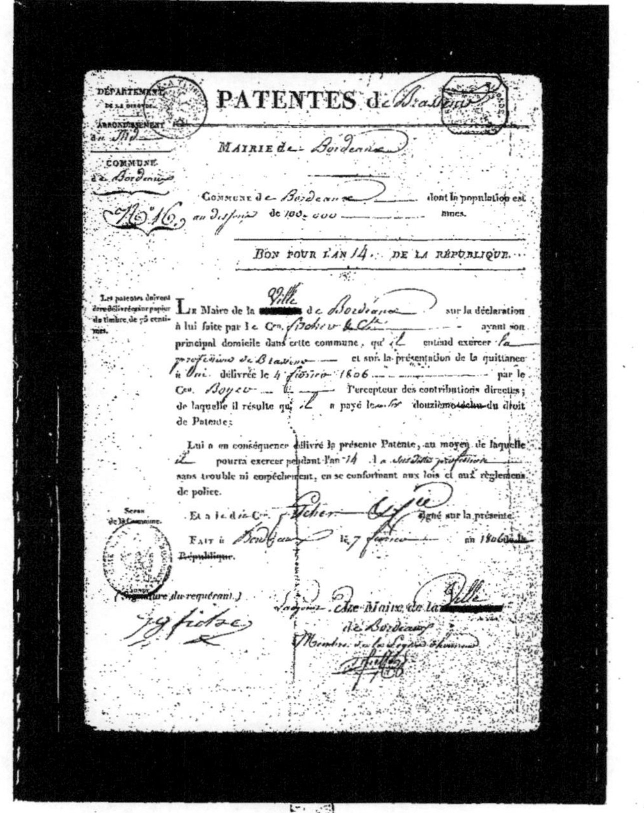

PATENTES de Bordeaux

DÉPARTEMENT DE LA GIRONDE

ARRONDISSEMENT du Midi

COMMUNE de Bordeaux

N° 16.

MAIRIE de Bordeaux

COMMUNE de Bordeaux dont la population est au dessus de 100,000 ames.

BON POUR L'AN 14. DE LA RÉPUBLIQUE.

Les patentes doivent être délivrées sur papier du timbre de 75 centimes.

LE Maire de la Ville de Bordeaux sur la déclaration à lui faite par le C.en Fischer & C.ie avant son principal domicile dans cette commune, qu'il entend exercer la profession de Bladier et sur la présentation de la quittance à lui délivrée le 4 février 1806 par le C.en Boyer Percepteur des contributions directes ; de laquelle il résulte qu'il a payé les douzièmes du droit de Patente;

Lui a en conséquence délivré la présente Patente, au moyen de laquelle il pourra exercer pendant l'an 14 la susdite profession sans trouble ni empêchement, en se conformant aux lois et aux réglemens de police.

Sceau de la Commune.

Et a le dit C.en Fischer signé sur la présente.

FAIT à Bordeaux le 7 février an 1806 de la République.

(Signature du requérant.)

Le Maire de la Ville de Bordeaux ; Membre de la Légion d'honneur

LE PREMIER CERTIFICAT DE PATENTE

(7 FÉVRIER AN 1806)

SIÈGE SOCIAL — ENTRÉE PRINCIPALE DES USINES

SALLE DU CONSEIL D'ADMINISTRATION ET BUREAU DE LA DIRECTION

STANDARD TÉLÉPHONIQUE EN LIAISON AVEC NOS 3 LIGNES URBAINES
52.86 — 52.87 — 52.88 ET LES POSTES INTÉRIEURS DE L'USINE

BUREAUX DES ARRIVAGES ET DES EXPÉDITIONS

PONT-BASCULE DE 15 TONNES

BUREAUX DES ARRIVAGES ET DES EXPÉDITIONS

GROS, 1/2 GROS, DÉTAIL, EXPORTATIONS, DOUANES, TRANSPORTS, CONTROLE DU PERSONNEL
SALAIRES, ACCIDENTS DU TRAVAIL, RETRAITES OUVRIÈRES

VUE DU NORD

LOCAL DES BACS OXYGÉNATEURS, ASPIRATEUR DE GRAINS, SALLE DE BRASSAGE

VUE DU SUD-OUEST

HANGARS AUX VEHICULES, SALLE DE BRASSAGE, CAVES, ATELIERS

VUE PRISE AU MIDI
HALL DES GÉNÉRATEURS DE VAPEUR, ASPIRATEUR DE GRAINS,
CONDENSEURS FRIGORIFIQUES

HALL DE RINÇAGE ET POISSAGE DES FUTS, RÉCEPTION ET EXPÉDITION DES WAGONS

CE HALL A ÉTÉ ENTIÈREMENT ÉDIFIÉ PAR NOS PROPRES ATELIERS

RINÇAGE EXTÉRIEUR ET INTÉRIEUR DES FUTS A PLUSIEURS EAUX

DÉPOISSAGE DES FUTS ET REPOISSAGE A LA POIX DES LANDES

UNE DES 4 CAVES DE FERMENTATION EN VASE CLOS

CAPACITÉ 1.500 HECTOS CHACUNE

RÉCIPIENTS EN ACIER VITRIFIE DE LA Sté DES CUVES ET FOUDRES D'AGEN

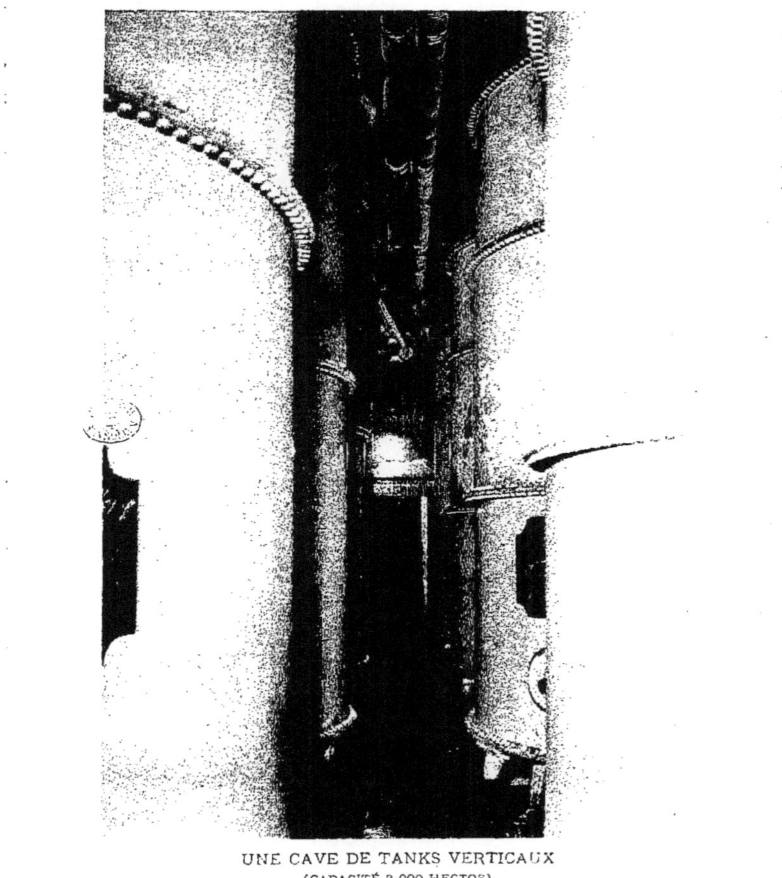

UNE CAVE DE TANKS VERTICAUX
(CAPACITÉ 3.000 HECTOS)
ÉGALEMENT EN PROVENANCE DE LA Sté DES CUVES ET FOUDRES D'AGEN

LA CAVE DES BIÈRES DE MARS

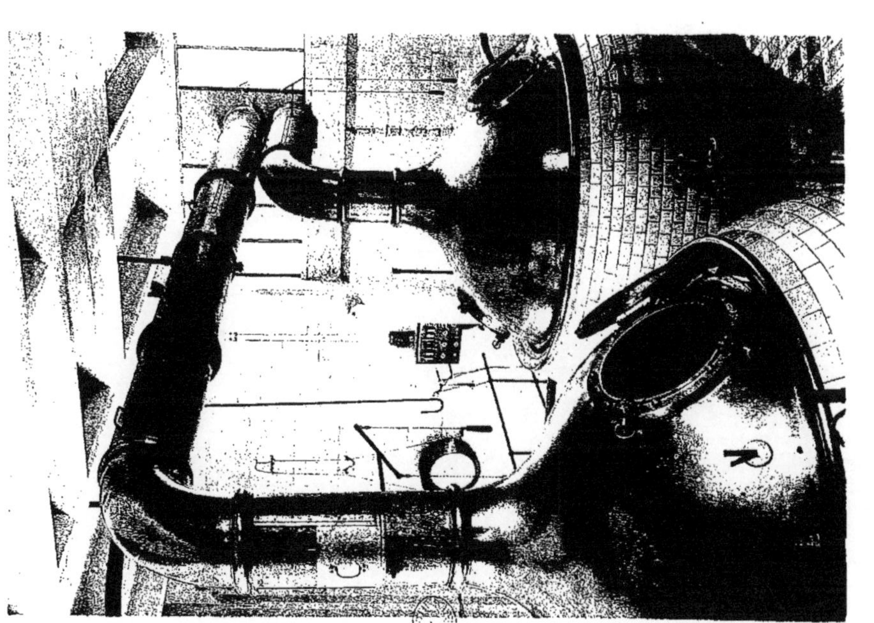

GROUPE DE CHAUDIÈRES A BRASSER

225 HECTOLITRES

PARTIE INFÉRIEURE DE LA SALLE DE BRASSAGE

AU MOULIN
ASPIRATEUR DE GRAINS, FILTRE A POUSSIÈRES, CONCASSEUR

SALLE DES MACHINES ET COMPRESSEURS FRIGORIFIQUES

275.000 FRIGORIES-HEURE

SALLE DE FILTRATION DES BIÈRES ET REMPLISSAGE DES FUTS

SALLE D'EMBOUTEILLAGE
TRAITEMENT DES BIÈRES SELON LES PROCÉDÉS PASTEUR
CAPACITÉ DE PRODUCTION : 40.000 BOUTEILLES PAR JOUR

SALLE DES BAINS FRIGORIFIQUES — FABRICATION DE LA GLACE

RÉCUPÉRATION, LIQUÉFACTION ET MISE EN TUBES DE L'ACIDE CARBONIQUE
ISSU DE LA FERMENTATION DES MOUTS, SELON LE PROCÉDÉ DE LA SOCIÉTÉ L'« AIR LIQUIDE »

ALTERNATEUR DE SECOURS 180 HP
ET TABLEAU CENTRAL DE DISTRIBUTION D'ÉNERGIE ÉLECTRIQUE

ATELIERS DE MONTAGE ET D'ENTRETIEN

L'ATELIER DE PEINTURE

UN COIN DU LABORATOIRE DE CONTROLE
CHIMIQUE ET BACTÉRIOLOGIQUE

LE PERSONNEL

QUAI D'EXPÉDITIONS — DÉPART DES CAMIONS HIPPOMOBILES

QUAI D'EXPÉDITIONS — DÉPART DES CAMIONS AUTOMOBILES

UN CHARGEMENT DE 7 TONNES DE BIÈRES EN FUTS

UN CHARGEMENT DE 7 TONNES DE BIÈRES EN BOUTEILLES

LA CAVALERIE DES BRASSERIES L'ATLANTIQUE

UN COTÉ DES ÉCURIES

AU CONCOURS HIPPIQUE

PAVILLON DU JARDIN DE DÉGUSTATION

PARC DU JARDIN DE DÉGUSTATION SUR LE BORD DE LA GARONNE

VUE PANORAMIQUE SUR LA GARONNE

A LA FOIRE D'EXPORTATION DE BORDEAUX

VUE INTÉRIEURE DE NOTRE STAND A LA FOIRE DE BORDEAUX

AU CARNAVAL
DÉPART POUR LA CAVALCADE

www.ingramcontent.com/pod-product-compliance
Ingram Content Group UK Ltd.
Pitfield, Milton Keynes, MK11 3LW, UK
UKHW022056170726
13837UKWH00002B/967